REVUE DE LA SOCIÉTÉ BIBLIOGRA...

Commandant Paul RENARD

Professeur à l'École supérieure d'aéronautique

LA LOCOMOTION AÉRIENNE

La Conquête de l'Air

PARIS

ANCIENNE LIBRAIRIE POUSSIELGUE

J. DE GIGORD, ÉDITEUR

RUE CASSETTE, 15

1912

PRIX : ... fr.

SOCIÉTÉ BIBLIOGRAPHIQUE

5, Rue de Saint-Simon, Paris. VIIe.

Fondée en 1868 dans le but de servir la religion et la science par des travaux d'érudition ou de vulgarisation,

Elle a donné 275 volumes de répertoires, glossaires, catalogues, abrégés historiques, voyages, documents; tenu 3 congrès internationaux à Paris, 5 congrès provinciaux; inscrit sur ses listes à ce jour 10.800 adhérents, presque tout l'Épiscopat français; reçu des brefs laudatifs de Pie IX, Léon XIII, Pie X.

Elle publie : 1° un *Bulletin* mensuel relatant le fonctionnement de la Société, les travaux de ses membres et les ouvrages destinés aux bibliothèques populaires ;

2° Le *Polybiblion*, — Revue bibliographique universelle — (3 volumes par an, 43° année);

3° L'*Almanach du bon Français*, à 15 centimes (23° année);

4° Des brochures de propagande.

La cotisation annuelle des sociétaires est de 10 francs. Ils reçoivent gratuitement le *Bulletin*, ont droit à la salle de lecture (où sont réunies 300 revues françaises et étrangères); au prêt des revues : à des renseignements bibliographiques ; à des remises sur toutes les publications de la Société, le *Polybiblion*, la *Revue des Questions historiques*. Les abonnements aux Bibliothèques populaires leur sont réservés.

Ces *Bibliothèques populaires renouvelables*, augmentées chaque année, sont composées de séries pour les hommes, pour les femmes, pour les cercles d'études. Elles comprennent actuellement plus de 29.000 volumes en circulation par toute la France. L'abonnement à chaque série de 25 volumes est de 5 francs.

Pour tout renseignement, écrire au Secrétariat, 5, rue de Saint-Simon.

Président de la Société : M. Geoffroy de Grandmaison.
Vice-Présidents : Le prince Louis de Broglie ; M. A. Cellier.
Secrétaire général : Baron Charles de Selle de Beauchamp.
Trésorier : M. H. de Villedieu.
Bibliothécaire-archiviste : M. Gabriel Ledos.

PUBLICATIONS DE LA SOCIÉTÉ BIBLIOGRAPHIQUE

Commandant Paul RENARD

Professeur à l'École supérieure d'aéronautique.

LA LOCOMOTION AÉRIENNE

La Conquête de l'Air

PARIS

ANCIENNE LIBRAIRIE POUSSIELGUE

J. DE GIGORD, Éditeur

RUE CASSETTE, 15

—

1912

Nº 5

Prix : 25

LA

CONQUÊTE DE L'AIR

Tout le monde aujourd'hui s'intéresse à la conquête de l'air; mais en France, plus que partout ailleurs, il semble que les progrès de la navigation aérienne en général, et de l'aviation en particulier, excitent un enthousiasme extraordinaire. Il n'est pas nécessaire d'en chercher d'autres preuves que dans le succès de la souscription pour les aéroplanes militaires.

Il est vrai qu'à l'heure actuelle, on ne voit guère dans les aéronefs que des engins de guerre, et c'est dans le but d'accroître la puissance de leur armée, et d'assurer leur sécurité, que les nations civilisées se préoccupent de développer leur flotte aérienne.

A part quelque points de détail, sur lesquels nous nous sommes laissés devancer par nos rivaux, la France tient, et très largement, la tête du mouvement. Aussi tout bon Français sent-il, — et en cela l'instinct populaire ne se trompe pas, — que chaque aéroplane sorti des ateliers de nos constructeurs, chaque pilote venant de conquérir son brevet militaire, chaque nouveau dirigeable venant évoluer au-dessus de la capitale, ou se rendant à son poste de la frontière, constituent un nouvel outil mis entre nos mains et apporte un nouvel élément de force à l'armée française.

Mais ce n'est pas ce côté militaire que je désirerais examiner aujourd'hui : je voudrais envisager la question à un point de vue plus général, indiquer quels sont les caractères spéciaux de la locomotion aérienne, quel est son état actuel et ce qu'on doit en attendre au point vue national et international.

I

Considérations générales.

Depuis son apparition sur la terre, l'homme a cherché à parcourir la surface de notre planète. Pendant de longs siècles, les procédés sont restés les mêmes : la marche à pied, l'équitation, les voitures traînées par des animaux, tels furent les modes de locomotion terrestre. A la surface des eaux, l'origine des bateaux se perd dans la nuit des temps, et depuis une époque également immémoriale, on a su les diriger au moyen de rames ou en appelant les vents à son aide. Les procédés primitifs se sont peu à peu perfectionnés, mais d'une façon fort restreinte; les chars du commencement du xixe siècle n'étaient pas sensiblement supérieurs à ceux des Égyptiens, des Romains, ou des Grecs.

Sur mer, les progrès n'étaient pas plus considérables, et si, depuis le xve siècle, grâce à la découverte de la boussole, à une connaissance plus complète de l'astronomie et des moyens de vérifier par l'observation des astres la position qu'on occupe à la surface de la planète, si, grâce aussi à des notions plus exactes et plus étendues sur la configuration de nos océans, la navigation s'était grandement perfectionnée, l'outil lui-même ne s'était pas amélioré d'une façon fondamentale.

Jusqu'à la fin du xviiie siècle, on en était réduit aux deux procédés qui, d'après la nature du milieu sur lequel on prend appui, constituaient la locomotion terrestre et la locomotion aquatique.

Il y avait une troisième sorte de locomotion possible sur notre planète ; on pouvait prendre appui sur un troisième élément, qui n'était ni la terre ni l'eau, mais l'air atmosphérique, qui enveloppe dans toute son étendue le globe que nous habitons : ce troisième procédé est la locomotion aérienne. Il n'était évidemment pas irréalisable puisque des milliers d'êtres vivants de toute forme et de toute espèce, oiseaux, chéiroptères et insectes, s'en servaient avec une maîtrise déconcertante. Pendant ce temps-là, l'homme semblait condamné à ramper indéfiniment sur la terre ferme, ou à se risquer, au prix de dangers terribles, à la surface capricieuse des océans. L'accès de l'atmosphère lui paraissait interdit.

Cette infériorité fut de tout temps pénible à notre race, et dans l'histoire de tous les peuples, il y a des légendes d'hommes volants ou ayant cherché à imiter le vol des oiseaux. Efforts stériles jusqu'à la fin du xviiie siècle, quand tout à coup, par un procédé qui n'avait aucun rapport avec ceux qu'employaient les animaux, le génie des frères Montgolfier découvrit le moyen de permettre à l'homme de quitter la surface de notre globe à laquelle il semblait irrémédiablement attaché. Ce fut alors une explosion d'enthousiasme dont on trouve la trace dans les productions littéraires et artistiques du temps, et qui fut au moins égal à celui que suscite aujourd'hui l'aviation. Les inventeurs prirent pour devise : *Sic itur ad astra :* « C'est ainsi qu'on parvient aux astres ». Formule un peu ambitieuse, mais les créateurs de l'aérostation ne se faisaient aucune illusion sur sa valeur, et n'y ont jamais vu autre chose qu'une image poétique.

En réalité, il est impossible à l'homme de vivre à une hauteur supérieure à 10 kilomètres, et c'est bien peu de chose, en présence des dimensions de notre planète.

Une autre cause vint refroidir l'enthousiasme des débuts : on s'aperçut bientôt que la navigation aérienne comprenait un double problème : celui de la *sustentation* et celui de la *direction*.

La sustentation consiste à maintenir en équilibre, à une hauteur déterminée, le véhicule aérien au sein de l'atmosphère; la direction consiste, une fois ce premier résultat obtenu, à pouvoir déplacer l'aéronef horizontalement, de manière à se transporter avec lui au-dessus du point de la surface du globe que l'on désire atteindre. Le génie des Montgolfier nous avait donné la solution du premier problème; celle du second n'existait pas et les ballons étaient le jouet des vents qui les conduisaient suivant leurs caprices, sans que la volonté de l'aéronaute pût intervenir d'une manière efficace pour atteindre un but déterminé. Dans ces conditions, le ballon ne pouvait être qu'un engin de sport intéressant ou un instrument de recherches scientifiques, mais il ne pouvait pas être considéré comme un appareil de locomotion proprement dite.

Les choses en restèrent là pendant une centaine d'années. Durant cette période, une évolution profonde s'était produite dans les habitudes séculaires de l'humanité. Jusque-là, si l'on avait fait des progrès remarquables dans les sciences de spéculation, les sciences physiques étaient fort en retard. Les phénomènes naturels étaient mal connus, mal expliqués; les forces prodigieuses que la nature recèle étaient inutilisées, et lorsqu'on voulait produire un travail quelconque, on en était réduit à employer la force musculaire de l'homme ou celles d'animaux disciplinés, en se servant d'outils rudimentaires dont l'usage était conservé par l'expérience des siècles. Il y avait des savants; il y avait des ouvriers; mais ces deux catégories d'hommes vivaient étrangers l'un à l'autre, les premiers s'occupant exclusivement de recherches intellectuelles, et les autres d'œuvres matérielles.

Au XIXe siècle apparut un homme nouveau, l'*Ingénieur :* à la fois savant par ses connaissances théoriques, à la fois ouvrier ou au moins chef d'atelier, par l'application pratique qu'il faisait de sa science. L'évolution caractéristique du XIXe siècle, c'est que les sciences, tout en continuant à être cultivées dans un but théorique, furent appliquées d'une façon pratique.

Il est à peine utile de rappeler les principales découvertes dues à cette collaboration des hommes de science et des hommes d'action, et à leur réunion dans un même individu : la machine à vapeur, son application aux chemins de fer et à la navigation, le télégraphe électrique avec et sans fils, le téléphone, l'électricité employée pour l'éclairage ou comme puissance motrice, le transport de l'énergie électrique à grande distance, la photographie, etc., et l'on pourrait prolonger cette énumération.

Ajoutons les découvertes en chimie, en sciences biologiques, le développement du machinisme, des puissances formidables asservies, employées, tout cela caractérise le monde moderne et donne au siècle qui vient de s'écouler une physionomie absolument différente de celles de tous les précédents.

Naturellement, on appliqua d'abord les ressources nouvelles de la science à améliorer les industries existant depuis des siècles, mais on songea aussi à des applications entièrement nouvelles, et parmi elles, il faut citer la direction des aérostats, c'est-à-dire le moyen de leur donner la faculté d'évoluer à leur gré dans le sens horizontal, et par suite de transformer la bouée atmosphérique des frères Montgolfier en un véritable navire aérien. Les tentatives furent nombreuses; la plupart échouèrent; aussi, était-il admis, il y a trente ans, par le grand public et par la majorité du monde savant, que la direction des aérostats, la navigation aérienne étaient une chimère. Néanmoins quelques savants et ingénieurs eurent le courage de rompre en visière avec le préjugé universel, et, animés d'une foi à transporter les montagnes, travaillèrent avec acharnement à la résolution du problème réputé chimérique. Il était réservé au colonel Charles Renard de réussir le premier à faire évoluer un aérostat suivant un parcours déterminé et à le ramener par ses propres moyens à son point de départ. L'expérience eut lieu le 9 août 1884, presque exactement cent ans après la découverte des aérostats : le 5 juin 1783.

Depuis lors, les aérostats dirigeables n'ont cessé de progresser.

Dans ces dernières années, on a réalisé pratiquement un autre mode de locomotion aérienne découvert depuis longtemps, puisque depuis des siècles les oiseaux et d'autres animaux s'en servent d'une façon merveilleuse. L'aviation, objet de recherches théoriques, depuis plus de cent ans, a été réalisée dans les premières années du xxe siècle. On sait quel merveilleux développement elle a pris et à quels progrès extraordinaires nous assistons chaque jour. Si, pendant des siècles, l'homme a été réduit à la locomotion terrestre et à la locomotion aquatique, il est hors de doute qu'il est aujourd'hui en possession d'un troisième procédé : la locomotion aérienne.

II

Les trois modes de locomotion.

Les trois locomotions peuvent être comparées entre elles sous différents aspects. On peut se demander quelle est la plus rapide, quelle est celle qui présente la plus grande capacité de transport, le plus de sécurité, le plus de confortable. Lorsqu'on se livre à cet examen, on constate que les trois procédés ont des avantages et des inconvénients qui se compensent plus ou moins.

Au point de vue de la rapidité, la locomotion terrestre l'emporte aujourd'hui sur la locomotion aquatique. Les trains rapides ont une vitesse beaucoup plus grande que les transatlantiques les plus perfectionnés ; les torpilleurs eux-mêmes, dans lesquels on a tout sacrifié à la vitesse, sont loin d'égaler les chemins de fer. L'allure de trente nœuds est considérée sur mer comme un véritable tour de force ; elle ne correspond pourtant qu'à environ 15 mètres par seconde, soit 5o à 55 kilomètres à l'heure. Nos express dépassent couramment 1oo kilomètres.

La locomotion aérienne se montre sous ce rapport supérieure aux deux autres. Si à l'heure actuelle, avec les dirigeables, elle atteint 75 kilomètres, c'est-à-dire une vitesse intermédiaire entre celle des bateaux et des chemins de fer, avec les aéroplanes, on dépasse les vitesses des trains les plus rapides. La vitesse est en soi une chose très importante. A l'époque contemporaine, on semble l'apprécier par-dessus tout. Beaucoup d'esprits s'en affligent. A quoi bon, disent-ils, cette course folle, cette manie de brûler toutes les étapes? il semble que l'on n'ait d'autre but que de parcourir notre planète dans tous les sens à une allure fébrile, et que nous ayons été mis au monde pour couvrir des kilomètres. Ces critiques peuvent, à priori, sembler fondées; il y a certainement, parmi nos contemporains, un assez grand nombre d'hommes qui s'agitent avec rapidité sans savoir pourquoi. Malgré tout, en soi la vitesse est un bien.

L'homme peut avec plus ou moins de difficultés se déplacer à son gré à la surface de la planète; le temps lui est parcimonieusment mesuré. Malgré tout notre désir, nous ne pouvons ajouter à notre existence ni un jour, ni une heure, ni même une seconde. Des deux éléments essentiels de toute chose, l'espace et la durée, l'un nous appartient au moins en partie, l'autre, au contraire, nous échappe. C'est ce que Victor Hugo exprimait dans un vers admirable. Il s'adressait, on le sait, à Napoléon Ier. Le grand conquérant pouvait sans doute parcourir la terre, et annexer des empires à des empires, mais à lui aussi l'avenir échappait.

> Dieu garde la durée et vous laisse l'espace.

Ce vers fut écrit en 1832. Napoléon était depuis onze ans couché dans la tombe, mais il semble que l'apostrophe ait été entendue par tous les contemporains du poète, car, depuis lors, l'humanité parut s'être imprégnée de cette pensée et en avoir tiré des conclusions. Puisque nous ne pouvons rien sur le temps, et que nous pouvons quelque chose sur l'espace, le meilleur emploi que nous puissions faire de la durée de vie qui est attribuée à chacun de nous, n'est-il pas de parcourir le plus d'espace possible

pendant que nous le pouvons ? De chercher à diminuer le temps employé à parcourir un espace déterminé, ou, en d'autres termes, à augmenter le rapport
de l'espace parcouru au temps employé à le parcourir ?

Or, ce rapport a un nom dans la science; en
mécanique, il s'appelle la *vitesse*. Les efforts de
l'homme, depuis le premier tiers du XIXe siècle, ont
donc semblé concentrés vers ce but principal : obtenir la vitesse la plus grande possible, et, si l'on me
permet d'employer cette expression sportive : « faire
de la vitesse ».

Grâce à cette vitesse, les forces mises à la disposi-
tion de l'humanité se sont prodigieusement accrues.
Le temps employé à se transporter d'un point à un
autre étant considéré comme à peu près perdu, on
a pu le diminuer et augmenter ainsi le nombre
d'heures vraiment utiles de l'existence. La rapidité
des communications a mis en relations intimes toutes
les parties du monde. C'est un lieu commun que de
dire, par exemple, que les famines sont normale-
ment devenues à peu près impossibles.

Sans nous en rendre compte, nous bénéficions à
chaque instant de la vitesse des différents modes de
locomotion. Ceux qui s'obstinent à n'en pas profiter
eux-mêmes, à rester chez eux, ont la satisfaction de
recevoir les visites de parents et d'amis éloignés;
leur maison, leurs meubles ont nécessité dans leur
construction l'emploi d'objets venant de contrées lointaines; leurs tables sont garnies de produits exoti-
ques. On ne pense pas à toutes ces choses, et il faut
une grève des chemins de fer ou des charbons pour
se rendre compte de tout ce que, dans le courant
de la vie, nous devons aux moyens de locomotion
rapide.

A côté de ces avantages matériels, il y en a d'autres d'ordre intellectuel ou moral, sur lesquels il

est superflu d'insister. Les travaux des savants ou des penseurs sont connus aujourd'hui dans le monde entier, et quel est celui qui, vivant éloigné de ceux qui lui sont chers, et ayant pu, grâce aux moyens rapides de transmission de la pensée, aux moyens rapides de voyage, se rendre auprès d'eux et assister à leurs derniers moments, n'a pas béni du fond du cœur cette vitesse qui caractérise l'époque où nous vivons !

A ce point de vue capital la locomotion aérienne ne sera inférieure à aucune autre, elle lui sera probablement supérieure. Toutefois, il y a d'intéressantes remarques à faire en ce qui concerne la vitesse des véhicules aériens :

Celle dont ils profitent est en effet le résultat de la combinaison de ce qu'on appelle leur *vitesse propre*, c'est-à-dire la vitesse que posséderait l'aéronef en air absolument calme, et la vitesse de l'air lui-même par rapport au sol, désigné sous le nom de *vitesse du vent*. Si le vent souffle dans le sens où nous voulons aller, les deux vitesses s'ajoutent. Un aéroplane dont la vitesse propre est de 120 kilomètres et qui voyage par un vent arrière de 30 kilomètres, fait en réalité 150 kilomètres à l'heure. Mais il n'en est pas toujours ainsi. Si le vent souffle en sens inverse du chemin à parcourir, les deux vitesses ne s'ajoutent plus, elles se retranchent; et le même aéroplane ne fera plus que 90 kilomètres à l'heure au lieu de 150. Si le vent souffle dans une direction oblique, la vitesse pourra être augmentée ou diminuée. Dans tous les cas, elle sera comprise entre la différence des deux vitesses et leur somme, soit 90 et 150 kilomètres dans l'exemple choisi.

Il n'en est pas de même sur les voies terrestres où l'on profite de la vitesse due à la puissance motrice dont on dispose, sans que cette vitesse soit augmentée ou diminuée par suite d'influences extérieures.

Sur mer, en théorie, les choses se passent comme pour les navires aériens; mais comme, dans la pratique, les vitesses des courants maritimes sont très faibles, on n'a généralement pas à en tenir compte, et quand un bâtiment a une machine qui lui permet de faire 20 nœuds en eau calme, il réalise pratiquement cette vitesse dans toutes les directions possibles.

Cette intervention du vent dans la vitesse effective des navires aériens peut être tantôt un avantage, tantôt un inconvénient, mais lorsqu'on analyse toutes les circonstances possibles, on constate qu'en moyenne, la vitesse du vent est plus nuisible qu'utile.

L'effet nuisible du vent est d'autant plus grave et plus fréquent que sa vitesse est plus forte, par rapport à la vitesse propre du véhicule. Si, par exemple, au lieu d'avoir affaire à un vent de 30 kilomètres à l'heure, nous avions un vent de 90, lorsque l'aéronef marcherait dans le sens du vent, il atteindrait la vitesse formidable de 210 kilomètres à l'heure, mais dans le sens opposé il n'en fait plus que 50 et la vitesse moyenne dans les différentes directions serait notablement inférieure à la vitesse propre de 120 kilomètres à l'heure. Mais, si le vent augmentait encore, et si sa vitesse devenait égale à celle de l'aéroplane, celui-ci ferait bien 240 kilomètres en descendant le vent, mais il lui serait impossible de le remonter. Pendant que, grâce à son hélice, il marcherait vers le sud, par exemple, à la vitesse de 120 kilomètres à l'heure, le vent l'entraînerait vers le nord à la même vitesse; et, finalement, il resterait immobile. Si le vent continuait à augmenter, et atteignait, par exemple, 150 kilomètres à l'heure, dans ce cas l'aéronef qui voudrait remonter le courant serait dans l'impossibilité de le faire; il reculerait de 150 kilomètres pendant qu'il avancerait de 120, et, au bout d'une heure, il se serait éloigné de 3o kilomètres du point qu'il désirait atteindre.

En pareil cas, un navire aérien ne peut se mouvoir que dans une portion limitée de l'espace qu'on désigne sous le nom d'angle abordable; toutes les autres régions lui sont absolument interdites. En d'autres termes, il n'est pas dirigeable.

Or, s'il n'est pas dirigeable, il ne peut servir à grand'chose. Pour qu'un navire aérien soit digne de ce nom, il est donc nécessaire que sa vitesse propre soit supérieure, et notablement supérieure à celle du vent.

Cette considération est de la plus haute importance, car elle nous fait voir qu'en navigation aérienne, la vitesse n'est pas un objet de luxe, mais, si l'on me permet cette expression, une denrée de première nécessité.

Si, pour aller du Havre à New-York, on possède un navire moins rapide qu'on ne le supposait, on mettra un jour de plus, mais on arrivera quand même; la vitesse est donc, en pareil cas, une question de luxe. Il en est de même en locomotion terrestre; avant l'invention des chemins de fer, on mettait plusieurs jours pour aller de Paris à Marseille, mais on finissait par y arriver. Il n'en est pas ainsi en locomotion aérienne. Si sa vitesse propre est inférieure à celle du vent, l'aéronef n'existe pas, ou tout au moins, est complètement inutilisable.

Aussi, lorsqu'on reproche aux constructeurs d'aéroplanes de rechercher la vitesse à tout prix, on formule une critique injuste. La vitesse est utile dans tous les modes de locomotion, mais en locomotion aérienne, elle est non seulement utile, mais indispensable.

Quoi qu'il en soit, sous le rapport de la vitesse, la locomotion aérienne n'est inférieure à aucune autre, et c'est probablement à elle qu'appartiendra dans l'avenir la supériorité inconcestable. Par contre, sa capacité de transport est fort limitée. Sur un wagon ordinaire on peut placer 10 tonnes de marchandises, et traîner facilement 20 ou 30 wagons dans un même train, ce qui correspond à 200 ou 300 tonnes. Dans un bateau, chaque mètre cube d'eau déplacé permet de porter une tonne, soit 1.000 kilogrammes ; si bien qu'une péniche de dimension ordinaire, comme celles que l'on peut voir sur nos rivières et nos canaux, porte une charge de 300.000 kilogrammes et que la capacité de transport des grands navires atteint des chiffres formidables.

Si l'on emploie des appareils plus légers que l'air, on ne peut compter sur un kilogramme transporté, par mètre cube du volume du ballon ; c'est donc 1.000 fois moins que dans l'eau, si bien qu'un gros dirigeable de 10.000 mètres cubes ne pourra transporter que 10.000 kilogrammes, en y comprenant son propre poids. Si l'on admet que le poids mort est, à peu près, la moitié du poids total, la charge utile se trouve réduite à 5.000 kilogrammes ; néanmoins, ce dirigeable aura un volume à peu près trente fois plus considérable que celui d'une vulgaire péniche, et celle-ci portera 300.000 kilogrammes, c'est-à-dire soixante fois plus que le dirigeable. Pour les aéroplanes, il en est à peu près de même. Dans le début, on ne pouvait guère les charger de plus de 10 kilogrammes par mètre carré d'ailes ; on arrive maintenant à des chiffres de 20 ou 30 kilogrammes. On les augmentera certainement dans l'avenir. Mais une charge de 50 kilogrammes par mètre carré de surface doit être considérée comme très élevée ; il n'est pas probable qu'on dépasse 100 kilos comme charge unitaire.

Il en résulte que, pour transporter des poids considérables, il faudra des appareils de grandes dimensions. Quels que soient les progrès que réservera l'avenir, la capacité de transport d'un aéronef se chiffrera par un petit nombre de milliers de kilogrammes. Sous ce rapport, la locomotion aérienne est donc dans une infériorité notoire, et probablement irrémédiable.

Quant aux autres qualités à demander à un véhicule, telles que la sécurité, le confortable de l'installation, l'agrément du voyage, les choses sont à peu près équivalentes. Au point de vue de la sécurité, les voyages aériens sont évidemment, aujourd'hui, plus dangereux que d'autres, au moins en aéroplane. Les voyages en ballons donnent lieu à un nombre d'accidents fort restreints. Quant aux appareils plus lourds que l'air, il ne faut pas oublier qu'ils viennent de naître; il n'est pas étonnant que leur fonctionnement présente quelque aléa. Au bout de quelques années, cette situation ira en s'améliorant et l'aviation ne présentera ni plus ni moins de dangers que les autres procédés de transport.

En ce qui concerne l'agrément du voyage, je suis intimement persuadé, quoi qu'on ait pu dire, que la locomotion aérienne est, sous ce rapport, supérieure. Tous ceux qui ont fait des voyages en ballons libres ont subi le charme des séjours prolongés au sein de l'atmosphère, ont emporté le souvenir des inoubliables spectacles dont ils avaient joui, et des impressions toutes particulières qu'ils avaient éprouvées. Quand on s'élève à plusieurs kilomètres de hauteur, le voyage semble monotone et plutôt triste. Mais à des hauteurs modérées, entre 500 et 1.500 mètres, l'impression est charmante, et quand on en aura l'habitude, on recherchera ce mode de transport de préférence à tout autre.

III

Différences fondamentales entre les trois modes de locomotion.

Toutes les considérations qui précèdent permettent, il est vrai, de se faire une idée des avantages et des inconvénients respectifs des différents modes de locomotion, mais ils ne portent que sur des points secondaires. Entre les trois locomotions, terrestre, aquatique et aérienne, il y a des différences fondamentales qui donnent à chacune d'elles un caractère particulier.

La locomotion terrestre permet d'atteindre tous les points de la surface d'un continent, mais pour lui donner les qualités merveilleuses de rapidité et de capacité de transport qu'elle possède aujourd'hui, il n'a pas suffi à l'homme de discipliner des animaux à course rapide ou d'inventer d'admirables machines, mais il lui a fallu aussi établir à grands frais et à grand'-peine des voies de communication. Sans elles, toute l'ingéniosité employée à la construction des véhi-cules eux-mêmes ne servirait à rien. Les automobiles ou les bicyclettes ne vont que sur des routes ou tout au moins sur des pistes convenablement aménagées, les chemins de fer ne marchent que sur des rails, et, pour eux, il a fallu franchir les vallées, percer les montagnes, effectuer des travaux dont l'importance dépasse tout ce qui avait été fait antérieurement.

Aussi, le plus perfectionné des modes de communication terrestre, le chemin de fer, a-t-il mis un certain temps à faire la conquête des nations civilisées; et à l'heure actuelle, une grande partie de notre globe échappe encore à son action. Là où les chemins de fer et les routes manquent, nous ne sommes pas plus avancés pour nous mouvoir à la surface du sol qu'on ne l'était du temps d'Annibal ou d'Alexandre. Le développement et la perfection des voies de communication terrestre sont considérés, à notre époque, comme le critérium de la civilisation matérielle d'un pays.

La locomotion aquatique n'est pas astreinte à cette sujétion. Du moment qu'il existe une surface d'eau ininterrompue entre deux points, pour aller de l'un à l'autre, il n'y a pas besoin de construire de chemin, il suffit de disposer d'un véhicule approprié. C'est là un avantage extrêmement précieux et c'est grâce à cette propriété particulière que la locomotion maritime a été le grand diffuseur de la civilisation et le grand lien entre les différents peuples de l'univers.

Par contre, la locomotion aquatique présente, par rapport à la locomotion terrestre, une infériorité marquée ; les seuls points qu'elle peut aborber sont situés sur les rivages des mers ou des fleuves navigables ; tous les autres lui sont inaccessibles.

La locomotion aérienne possède à la fois les avantages des deux autres modes de locomotion sans avoir leurs inconvénients. A l'instar de la locomotion terrestre, elle permet d'aborder tous les points du sol de notre planète et même de la surface des mers. Pas plus que la locomotion aquatique, elle ne nécessite l'établissement préalable de voies de communication. De même qu'un paquebot peut mettre en relations directes deux points quelconques des rives de l'Océan, un aéronef peut mettre en relations directes deux points quelconques de la surface du globe.

Lorsque la navigation aérienne aura pris son développement complet, tous les lieux de la terre se trouveront dans la situation privilégiée que possèdent aujourd'hui les rivages de la mer d'être mis en relations directes, sans intermédiaire, sans travail préparatoire, avec un point quelconque; mais cet avantage sera beaucoup plus général qu'il ne l'est aujourd'hui pour nos ports de mer, car ceux-ci ne peuvent correspondre directement qu'avec une région limitée tandis que, grâce à la locomotion aérienne, c'est la surface entière du globe, sans aucune exception, qui peut être mise en communication avec le point où nous nous trouvons.

C'est là le caractère fondamental de la locomotion aérienne, et c'est ce qui justifie les efforts faits pour la découvrir et ceux que l'on fait aujourd'hui pour la développer. Ce n'est donc pas à un vain caprice que l'homme obéissait en concentrant toute son énergie pour arriver à la conquête de l'air. Tous ceux qui y ont travaillé ne se rendaient peut-être pas un compte exact de l'importance du problème, néanmoins, ils en avaient certainement l'intuition.

Quant à ceux — et ils sont innombrables aujourd'hui, — qui suivent, avec un intérêt passionné, les progrès de la navigation aérienne, ils ne doivent jamais perdre de vue son caractère fondamental. On entend parfois dire : « A quoi bon tant d'efforts, cela ne marche guère plus vite que les chemins de fer, c'est dangereux, cela ne peut transporter qu'un poids utile inférieur à celui qu'on transporte par tous les autres procédés? » Ces considérations sont d'une importance toute secondaire, et si l'on veut apprécier comme, il convient la valeur de la locomotion aérienne, il faut toujours songer à ses propriétés essentielles.

IV

Les routes de l'air et les ports aériens.

D'après ce qui précède, on serait tenté de croire que les aéronefs devront toujours se rendre en ligne droite de leur point de départ à leur point d'arrivée, puisqu'aucun obstacle ne les arrête à travers l'océan aérien. Il en sera très souvent ainsi, mais cette règle générale subira des exceptions. De même que les bateaux, qui sont théoriquement libres de sillonner l'océan dans tous les sens, suivent dans la pratique un certain nombre de routes maritimes de préférence à d'autres, de même les aéronefs parcourront de préférence l'atmosphère, suivant certains chemins qui ne seront pas déterminés d'une façon inflexible, comme ceux établis à la surface de la terre.

En raison des courants aériens, de la nature du sol sous-jacent, des dangers que pourraient présenter les atterrissages dans certaines régions, on aura intérêt quelquefois à s'écarter de la ligne droite, comme le font parfois les vaisseaux à la surface de la mer. D'autre part, en raison des relations fréquentes qui existeront entre certains pays, il y aura des régions de l'atmosphère aérien où la circulation sera beaucoup plus intense que dans d'autres.

Mais il ne faudrait pas se préoccuper dès maintenant outre mesure de la détermination de ces routes futures de la navigation aérienne. On les découvrira bien au fur et à mesure que le besoin s'en fera sentir. Ce qu'on doit en retenir aujourd'hui, c'est l'importance qui s'attache à toutes les études concernant les mouvements de l'atmosphère. Lorsque le régime des vents sera connu d'une façon à peu près complète, il sera facile à tout navigateur aérien, soit d'en tirer parti, soit de prendre ses dispositions pour être, le moins possible, gêné par eux.

Jusqu'à présent, les aéro-navigateurs n'ont guère évolué qu'au-dessus de la terre ferme et dans les pays civilisés. Avec de bonnes cartes et un peu d'exercice, ils arrivent très facilement à savoir où ils sont et à se diriger d'après l'aspect du sol.

Il ne faudrait pas compter indéfiniment sur ce moyen. Lorsque les aéronefs s'élanceront résolument au-dessus des mers, ils n'auront, comme les bateaux, d'autres ressources, pour reconnaître leur position, que de faire le point par des observations astronomiques. On s'est déjà d'ailleurs préoccupé de cette question. Il en sera de même, lorsqu'on circulera au-dessus de pays inconnus, dont la carte est nulle ou incomplète. Il en sera ainsi également lorsqu'on naviguera pendant de longues heures au-dessus d'une mer de nuages.

De même que, pour faciliter la navigation maritime, on a balisé certains passages et construit des phares permettant aux navigateurs de reconnaître leur position pendant la nuit, de même on sera amené à installer sur le sol des signaux destinés aux navigateurs aériens. Mais je ne pense pas que ces signaux doivent être trop multipliés. Quelques signes apparents, placés tous les 100 ou tous les 200 kilomètres, suffiront, à mon avis, à guider dans leurs voyages les aéro-navigateurs.

Il n'est pas indispensable de leur indiquer leurs routes par des signaux multipliés, il est absolument nécessaire de les prévenir contre les dangers des atterrissages sur certains terrains. Un aéronef ne peut pas prendre partout le contact du sol, sans courir des risques plus ou moins grands.

Parmi les terrains défavorables aux atterrissages,

il y en a qui, par leur aspect même, sont suffisamment signalés aux navigateurs de l'air : les forêts, les rochers escarpés, les grandes agglomérations d'habitations. Aucun aéronaute ne songera à atterrir au sommet du Cervin ou sur le toit d'une cathédrale. Mais il y a d'autres terrains dont l'aspect, vu de haut, ne présente rien de particulier et qui n'en sont pas moins très dangereux pour les atterrissages, tels sont les prairies marécageuses, les régions sillonnées de clôture en fils de fer à peu près invisibles à une certaine hauteur, les lignes électriques servant au transport de la force ou de la lumière. Il sera absolument indispensable de garnir ces régions de signaux très visibles, afin de mettre en garde les aéro-navigateurs contre les dangers d'aborder dans ces points.

Si l'établissement de voies de communication est inutile sur l'océan, on a néanmoins reconnu la nécessité de créer de distance en distance sur le littoral des points favorables pour les départs et les arrivées des bateaux.

Il y aura certainement dans l'avenir des ports aériens, c'est-à-dire des emplacements bien dégagés, permettant le départ et l'atterrissage d'aéronefs de grandes dimensions et animés d'une vitesse considérable. A côté de ces emplacements, on préparera tout ce qui est nécessaire pour abriter et au besoin réparer les navires aériens : approvisionnement de combustibles pour les moteurs, hydrogène pour les dirigeables, atelier de réparation, magasins de pièces de rechange, hangars, etc. On a déjà établi un certain nombre de ces ports de l'atmosphère; il est hors de doute qu'on sera, à bref délai, amené à en installer d'autres, et que, dans quelques années, ces établissements couvriront d'un véritable réseau les territoires de toutes les nations civilisées.

V

Conséquences de la navigation aérienne.

Le fait de rendre possible la mise en communication directe d'un point quelconque du globe avec un autre point également quelconque apportera une révolution considérable dans les mœurs et usages de l'humanité.

Sans franchir les limites du territoire d'une nation, quand on pourra se rendre couramment de Paris à Bordeaux, à Lille ou à Marseille sans passer par aucun point intermédiaire, nos habitudes seront profondément bouleversées. Et si l'on envisage la question au point de vue international, elle prend une ampleur beaucoup plus grande. Ils est hors de doute que l'on se rendra directement et sans escale de Paris à Rome ou à Berlin, ou même à Saint-Pétersbourg, et plus tard, à Tombouctou, à New-York, ou à Pékin. Si l'on songe aux progrès extraordinairement rapides accomplis dans ces dernières années, on ne doit pas considérer ces prévisions comme des rêves. Lorsqu'il en sera ainsi, oui, il y aura quelque chose de changé à la surface du globe.

Certains points de passage obligatoires ou certains nœuds de communication pourront perdre de leur importance actuelle, tandis que d'autres points favorables à l'établissement de grands ports prendront un intérêt particulier. Les limites géographiques naturelles, fleuves ou montagnes, seront franchies avec une telle facilité qu'elles diminueront de valeur, et rien ne dit que les développements de la navigation aérienne n'amèneront pas, *ipso facto*, des rectifications de frontières.

Les colonies lointaines seront mises en relation immédiate avec la métropole, et il en sera de même de pays séparés par de grandes distances, qui pourront communiquer librement entre eux, en passant par-dessus les territoires des nations intermédiaires. Tout cela rendra les relations internationales plus fréquentes et moins précaires, et certainement la politique générale du monde devra tenir compte de ce fait nouveau.

Au point de vue militaire, les développements de l'aéronautique auront une importance que personne ne conteste aujourd'hui. On sait, en effet, que dans tous les pays civilisés, on cherche à créer ou à développer une flotte aérienne. On songe à l'utiliser en cas de guerre comme merveilleux moyen de reconnaissance; on se préoccupe aussi d'en faire une arme de combat, et il n'est pas douteux que, dans les conflits internationaux de l'avenir, on assistera à des batailles aériennes entre les flottes atmosphériques des nations ennemies.

Pour mon compte, je suis persuadé que la nation qui saura la première s'assurer l'empire de l'air, — et j'espère bien que ce sera la France, — augmentera, par ce seul fait, ses chances de victoire dans des proportions considérables. Nous devons applaudir sans réserve aux efforts que le gouvernement, poussé, soutenu par l'opinion publique, fait en vue du développement de notre flotte aérienne militaire.

Il y a quelque chose dans le caractère et le tempérament français qui s'harmonise admirablement avec la navigation aérienne. Nous aurons toujours les meilleurs aéronautes et les meilleurs aviateurs du monde. Il ne tient qu'à nous de continuer à posséder le matériel le plus perfectionné, et de nous assurer ainsi la maîtrise de l'océan aérien.

Avec les voyages directs d'un point à un autre,

il sera bien difficile d'entourer les territoires des nations de barrières douanières infranchissables, comme celles d'aujourd'hui. Je sais bien que la navigation aérienne ne comportera pas seulement l'emploi de véhicules individuels. Ce serait trop coûteux pour devenir d'un usage général. Il y aura donc des aéronefs pour le transport en commun, et ceux-là, en raison de leurs dimensions et de leur service suivant des itinéraires à peu près fixes, pourront être soumis à une certaine surveillance; mais, malgré tout, la contrebande sera singulièrement facilitée. Pour la réprimer, les douaniers seront obligés de monter eux-mêmes en aéronef, et de chercher à arrêter ou à saisir les contrebandiers de l'atmosphère. Ce rôle ne sera pas très facile, il sera sûrement très dispendieux, et les administrations seront amenées à se demander si ces frais sont justifiés par les recettes qu'ils procurent.

Que les douanes subsistent plus ou moins long-temps, les progrès de la navigation aérienne amène-ront des échanges plus directs et plus fréquents entre les produits du monde entier, et les consé-quences économiques qui en résulteront dépassent nos prévisions. Certes, les gros transports seront toujours exécutés par voie de terre ou par voie d'eau, mais pour tous les objets d'un prix élevé, qu'il faut souvent aller chercher péniblement à travers des régions inhospitalières et dépourvues de voies de communication facile, le transport aérien s'imposera.

Toutes ces conséquences militaires ou écono-miques de la navigation aérienne seront peu de chose à côté des résultats moraux de son dévelop-pement.

Grâce au chemin de fer et à la navigation à vapeur, les peuples sont aujourd'hui beaucoup plus près les uns des autres qu'ils ne l'étaient autrefois. Le résultat est le même que si notre planète s'était rapetissée. La navigation aérienne aura des effets analogues, mais beaucoup plus généraux, sinon plus puissants.

Il a fallu plus d'un siècle pour amener les chemins de fer à leur développement actuel, et encore la majeure partie des continents est soustraite à leur influence. Je suis persuadé qu'en dix ou vingt ans, la navigation aérienne aura mis en contact immédiat, facile et fréquent, tous les points du globe. Les différentes nations se pénétreront peu à peu; bien des préjugés disparaîtront, les intérêts de chaque peuple s'enchevêtreront de plus en plus; tout cela amènera des transformations profondes.

On peut se demander si elles seront heureuses ou malheureuses, si, grâce à ces nouveaux modes de relations mondiales, l'humanité s'acheminera vers l'âge d'or, ou rétrogradera vers l'âge de fer. Suivant qu'on est optimiste ou pessimiste, on peut pencher pour l'une ou l'autre hypothèse. J'estime qu'on ne verra la réalisation ni de l'une ni de l'autre. Comme toutes les découvertes possibles, la navigation aérienne n'est pas un bien ou un mal en elle-même, c'est une nouvelle puissance donnée par Dieu à l'homme, et il lui appartient d'en faire un bon ou un mauvais usage. Je crois néanmoins que la part du bien l'emporte sur celle du mal dans l'utilisation des découvertes modernes. Si, grâce aux automobiles, des bandits peuvent commettre avec impunité des séries de crimes, c'est aussi grâce à la télégraphie sans fil que l'on a pu sauver plusieurs centaines de victimes du naufrage du *Titanic*. Sans cette découverte, personne n'eût été averti en temps utile de la catastrophe, et le navire eût purement et simplement disparu. Le simple rapprochement de ces deux faits récents suffit pour justifier la science des accusations parfois formulées contre elle; car les victimes des bandits en automobile sont moins nombreuses que les voyageurs du *Titanic* sauvés d'une mort certaine grâce aux progrès de la science.

L'histoire nous permet de formuler d'ailleurs, sous ce rapport, des prévisions optimistes. Tout ce qui a servi à faciliter les relations entre les hommes, chemin de fer, navigation à vapeur, télégraphie, etc., a été et sera encore utilisé en cas de guerre; mais il semble que ces découvertes, en multipliant les contacts avec nos semblables, en permettant même de faire des guerres plus importantes et plus terribles dans leurs conséquences, ont contribué à rendre celles-ci moins fréquentes. La navigation aérienne participera dans une large mesure à cette évolution.

La guerre ne pourra jamais être complètement évitée; mais elle deviendra de plus en plus rare, et dans les longs intervalles qui sépareront les luttes de l'avenir, la navigation aérienne sera l'un des facteurs les plus importants des relations pacifiques entre les hommes, et, par suite, du bonheur de l'humanité.

C'est à des Français, les frères Montgolfier, qu'est due l'invention, rudimentaire peut-être, mais réelle de la navigation aérienne. C'est un Français, le colonel Charles Renard qui, le premier, put rendre un aérostat pratiquement dirigeable et qui posa les principes, aujourd'hui incontestés, de la navigation aérienne par le plus léger que l'air. Si ce n'est pas du sol français que se sont élevés les premiers aéroplanes, c'est dans notre pays que l'aviation a pris de beaucoup les développements les plus merveilleux. Il y a entre notre caractère, notre tempérament et les nécessités de la locomotion aérienne une harmonie particulière. Nous avons été jusqu'à présent les premiers dans le développement de l'aéronautique sous toutes ses formes et nous pouvons espérer légitimement y conserver le premier rang parmi les nations civilisées.

Certes, je ne vais pas jusqu'à prétendre qu'à tous points de vue nous soyons en aéronautique supérieurs à toutes les nations rivales. On peut trouver au delà du Rhin et des Alpes des dirigeables plus volumineux que les nôtres, capables de transporter un poids plus considérable et d'obtenir des vitesses plus grandes; on peut aussi trouver une organisation plus complète, plus perfectionnée en ce qui concerne, par exemple, les ports d'attache des dirigeables; mais, ce qu'on ne doit pas se lasser de proclamer bien haut, c'est que ces infériorités ne portent que sur des points particuliers, et que nous pourrons les faire cesser quand nous voudrons.

Nos voisins d'outre-Rhin ont, en toutes choses, l'habitude de faire « kolossal », et on prête au prince héritier d'Allemagne ce propos : « Quand la France dépensera un million pour sa flotte aérienne, nous en dépenserons quatre. » C'est peut-être plus facile à dire qu'à faire. Quoi qu'il en soit, en admettant que nous nous laissions distancer dans cette proportion au point de vue des dépenses, nous saurons certainement tirer un meilleur parti que nos rivaux des sommes que nous consacrerons à l'aéronautique militaire.

Si nous assistons à une éclosion merveilleuse de la locomotion aérienne par les appareils plus lourds que l'air, si la rapidité des progrès de l'aviation est sans exemple dans l'histoire de la science, c'est que la phase actuelle de son développement a été précédée d'une longue période de recherches qui a duré plus de cent ans; la question a été étudiée sous toutes ses faces et, lorsqu'on a été en possession du moteur léger

et puissant, indispensable pour imprimer aux aéroplanes la grande vitesse dont ils ont besoin, les choses
ont semblé marcher toutes seules. L'aéroplane n'est
pas sorti, en effet, du cerveau des aviateurs contemporains; l'idée en a été formulée pour la première
fois, en 1805, par un ingénieur anglais Sir Georges
Cayley. Mais, s'il a pensé à cet appareil, c'est à la suite
d'expériences précises exécutées à la fin du xviiie siècle par notre grand physicien Borda. Pendant tout
le cours du xixe siècle, quelques chercheurs ont pa-
tiemment élucidé tous les détails du problème et,
parmi eux, la France peut s'enorgueillir de citer le
nom de plusieurs de ces enfants : Alphonse Pénaud,
Mouillard, Charles Renard, pour ne nommer, parmi
les morts, que ceux qui ont le plus contribué à faire
avancer la question.

Si la gloire de s'être élevé le premier dans les airs
sur un aéroplane appartient à Wilbur Wright et à son
frère Orville, c'est incontestablement en France que
l'aviation s'est le plus développée.

A la longue période scientifique qui a rempli tout
le xixe siècle a succédé brusquement la phase sportive à laquelle nous venons d'assister. Lorsqu'il s'est
agi, non plus de faire des expériences de laboratoires
ou de rédiger des mémoires dans le silence du cabi-
net, mais de prendre place sur des appareils volants,
on vit un grand nombre de Français prêts à risquer
leur vie pour ajouter quelque chose aux découvertes
de la science, à la gloire et à la force de leur patrie.
Beaucoup furent les victimes de leur audace et de
leur héroïsme. Il est impossible de les citer tous sans
donner à cette notice le caractère d'un véritable ar-
ticle nécrologique, mais en rendant à toutes les victimes de l'aviation un hommage collectif, nous pouvons faire remarquer avec orgueil que la France en
compte plus du tiers du nombre total, et qu'à eux seuls,

les officiers aviateurs français entrent pour 15 % dans la liste glorieuse.

En tête, nous relevons le capitaine Ferber, ce savant officier qui fut un des adeptes de l'aviation plusieurs années avant l'apparition des aéroplanes, qui ne se consolait pas de s'être laissé devancer par les frères Wright, et qui trouva la mort dans un accident d'atterrissage après avoir puissamment contribué, par ses recherches théoriques et ses expériences, au progrès de la locomotion aérienne par le plus lourd que l'air. Il mourut en septembre 1909.

Un an plus tard, le nom du capitaine Madiot s'inscrivait deuxième dans la liste des officiers aviateurs, et, pour clôturer l'année 1910, on ajoutait un troisième nom, celui du lieutenant de Caumont, l'un des plus populaires de tous. Ce brillant officier de cavalerie montait en aéroplane comme sur un cheval pur sang, et paraissait présenter à nos yeux le type modernisé d'un chevalier du moyen âge.

Quelques mois après lui, en avril 1911, tombait le capitaine Tarron, un savant, celui-là, qui s'était attelé au problème difficile et encore non résolu de la stabilité des aéroplanes. Il s'exerçait sur un avion ordinaire pour se rendre capable d'expérimenter lui-même l'efficacité des appareils de son invention. La mort l'empêchait de terminer ses travaux et prouvait, malheureusement d'une façon trop péremptoire, l'utilité des recherches qu'il avait entreprises.

Il faudrait les citer tous, car tous sont tombés au champ d'honneur. Donnons une mention spéciale à Nieuport, l'éminent ingénieur-constructeur d'aéroplanes, mort en service commandé pendant une période d'instruction militaire qu'il accomplissait comme réserviste.

Le jeune sous-lieutenant Loder, qui, pendant sa chute terrible, conserva assez de présence d'esprit pour se rendre compte des causes de l'accident, signaler les défectuosités de l'appareil qu'il montait et donner, avant de mourir, des indications efficaces pour les faire disparaître.

Ce dernier exemple est particulièrement frappant. Certes, dans tous les pays civilisés, il y a des savants, il y a des héros; mais, en France plus qu'ailleurs, les deux qualités se trouvent réunies en une seule personne, et ce jeune sous-lieutenant, songeant, dans les circonstances les plus critiques, à analyser les phénomènes dont il était le témoin et la victime, me semble présenter dans sa perfection le type de l'héroïsme scientifique.

Il n'est pas possible que le pays dans lequel l'aéronautique a suscité tant d'études, tant de dévouement, tant de courage, tant d'enthousiasme de toute nature, ne soit pas destiné plus que tout autre à bénéficier de la conquête de l'air. La France peut se rendre le témoignage que, plus qu'aucune autre nation au monde, elle a contribué au développement de la navigation aérienne et, par elle, à une transformation heureuse de notre planète.

Notre pays sera, j'en ai la ferme conviction, récompensé de la part qu'il aura prise à cet événement mondial par la maîtrise incontestée de l'empire de l'air.

TYPOGRAPHIE FIRMIN-DIDOT ET Cie. — PARIS.

www.ingramcontent.com/pod-product-compliance
Ingram Content Group UK Ltd.
Pitfield, Milton Keynes, MK11 3LW, UK
UKHW022354120726
13694UKWH00005B/1868